咖啡·人·生活

猪田彰郎的咖啡
为什么这么好喝？

イノダアキオさんの
コーヒーが
おいしい理由

[日]猪田彰郎 著

陆贝旎 译

机械工业出版社
CHINA MACHINE PRESS

前　言

在京都，有一家一直深受人们喜爱的咖啡店。
那就是创立于昭和 22 年[一]的猪田咖啡店。

它拥有美味的咖啡和舒适的氛围。
人们蜂拥而至，只为享受真实的味道，
它在京都创造了一种咖啡文化。

有一个环形吧台的猪田咖啡三条店，
于昭和 45 年[二]开业。

[一] 1947 年。　——译者注
[二] 1970 年。　——译者注

猪田咖啡三条店的店长很有名。

他是猪田咖啡创始人猪田七郎的侄子——

猪田彰郎先生。

他从 15 岁开始就在创业初期的猪田咖啡店工作。

作为第一代店长，

他在 38 岁的时候接手三条店。

从烘焙咖啡豆到接待顾客，所有工作他都亲力亲为。

几乎每日光临的熟客、代代相传的家族常客、来自远方的朋友，

以及高仓健先生、吉永小百合女士、筑紫哲也先生、原田治先生……

这张环形吧台见证了无数次美好的相遇。

最能代表猪田咖啡店的混合咖啡是——

"阿拉伯珍珠"。

这是用大勺注入热水冲泡而成的法兰绒布手冲咖啡。

在三条店的吧台，

您可以看到咖啡师调制咖啡的模样，

这可是一种很特别的感觉。

还想再来，

还想再喝。

深受人们喜爱的美味咖啡的秘诀是什么？

咖啡教给他的东西是什么？

他所珍视的东西是什么？

且听 85 岁[⊖]的彰郎先生娓娓道来。

⊖ 猪田彰郎先生出生于 1932 年，此处是他
　　口述本书时的年龄。　——译者注

目　录

第二章 制作美味咖啡的 9 个条件

第三章 猪田咖啡店的起点

第四章　京都的美味咖啡

本书根据猪田彰郎（INODA AKIO）先生
口述内容编辑整理而成。

第一章

来吧，冲一杯美味的咖啡

彰郎先生的咖啡的味道和冲泡方法

稍微花一点心思，
咖啡就会变得很美味

做一杯美味的手冲咖啡，

并没有那么难。

比起技术，更重要的是心态。

所以你也可以做出好喝的咖啡。

咖啡是有生命的，

它会传达我们的情感。

它和人一样，我们用爱去对待它，

它也会用爱回应我们。

用什么工具呀，水温如何呀，

别想啦，没事的。

用体贴和关怀的态度，

加上一点点的手法，

你做的咖啡马上就会变得美味。

美味的咖啡，

让大家都开心。

美味的咖啡，

牵系起美好的缘分。

为了家人，为了朋友，

或者只是为了你自己，

请试着冲一杯美味的咖啡吧！

21

我想创造出绝无仅有的咖啡味道

看似质地轻薄，实际味道浓郁。

这就是我的咖啡的味道。

承蒙垂爱，客人们喜欢我的咖啡，愿意光临我的小店。

"今天一天好累，真想喝咖啡啊。可是，要是现在喝了咖啡，等会儿就吃不下饭了吧。"——如果您有这样的顾虑，那么就来喝我的咖啡吧。保证让您在享受美味的咖啡之后，回家吃饭还是一样的香。

口感清爽，味道醇厚，但不会让您有饱腹感。我们三条店追求的，就是这样的咖啡。为了制作出这样的咖啡，我做了许多研究。

猪田咖啡的总店和三条店很近，走一走就到了。近到让人们不禁发问："为什么在这么短的距离内开了两家店？"其实，三条店所在的那个地方本来应该是总店的停车场。有一天我的叔父——猪田七郎，也就是猪田咖啡的创始人兼上一代老板，突然说："要什么停车场呀，我要在那里开店！"于是昭和45年（1970年），三条店开张了，正好就是举办大阪世博会的那一年。

很多人都知道，我的叔父在当时是一名非常活跃的画家，猪田咖啡店的杯子、罐子上的画都是他的作品呢。

那时候他参加了"二科会"（1914年成立的美术团体），因为这层关系经常走访巴黎，游遍了欧洲。我想，他一定是在旅途中获得的灵感吧。"我想要在这里开一家特别的店！它得有一个大大的环形吧台，咖啡师在里面做咖啡，客人们可以从周围看得清清楚楚，还能同时享受着美味的咖啡……"然后，在我38岁的时候，他对我说："你来把这家店做大吧！"他就这样把三条店交给了我，让我成为第一任店长。

我从15岁开始就在猪田咖啡店工作了，烘焙豆子、接待顾客、厨房杂工……什么都干过，也去过很多新开的分店历练。但叔父把一整家店交给我打理，这还是第一次。我感觉，终于找到了一个属于自己的地方——一家拥有与众不同的环形吧台的咖啡店。我由衷地希望自己能够尽最大努力，让它成为一个受人喜爱的地方。

当时主流的咖啡店是既能喝咖啡也可以吃饭的地方，

猪田咖啡总店已经增加了轻食的菜单，但三条店的主角依然是咖啡。在我叔父的想象中，它应该是一家有特别感的咖啡店，客人们围绕着环形吧台，在那样特别的氛围中悠然自得地品尝咖啡……所以三条店的咖啡定价比总店高。为了填补这个价格差，我们就必须推出与总店不同的美味咖啡，必须打造"三条店的味道"。这当然是一个很大的压力，但也是一件非常有价值的事。

人们喜欢什么样的咖啡呢？喜欢咖啡的客人如果光临我们三条店，我很希望他们可以尽情地品尝咖啡。既然如此，不如做比总店口感更轻，不会让人有过于饱腹感的咖啡吧。

三条店就在连接商务区和车站的三条大道边上。我们希望那些想在下班回家路上喝杯咖啡的人可以到三条店来享受一杯轻松的咖啡。我想，他们应该会喜欢清爽的味道——咖啡不会堵在胃里，他们喝完回家后，依然可以放开肚子享受美味的正餐。

最近流行的咖啡，怎么说呢，味道都很重啊。大家是比较喜欢浓咖啡吗？我年轻的时候也曾以为越浓的咖啡越香，有一次试着喝了一下特别浓的咖啡，结果头晕眼花，差点没昏过去。于是我这才知道，咖啡并不是越浓越好的。

"轻薄、清爽，然而具有猪田咖啡标志性的醇厚香气。"

这就是三条店追求的咖啡。关于咖啡味道的大方向就这样定下来了。那么，怎样才能做出这样的咖啡呢？我们用的豆子和总店的一样，所以就只能在冲泡方法上下功夫了。于是我每天晚上都试做两三杯，喝掉以后回家，看会不会产生饱腹感，会不会吃不下晚饭。所以这个咖啡的味道是我通过亲自体验，一遍一遍试出来的。

在总店，基本的手法是用法兰绒布手冲 15 匙。一次冲 15 匙，就会很好喝。这就好比做饭，一次煮 1 合⊖米不如一次煮 3 合香，3 合不如大锅饭香——咖啡也是一样的呢。15 匙，一共是 225 克咖啡粉。

猪田咖啡店创立之初就一直是用法兰绒布手冲咖啡。因为当时二战刚结束，纸张稀缺，但法兰绒布却是有的。而且比起滤纸，法兰绒布过滤出来的咖啡味道更加醇厚。这里说的"醇厚"，是指咖啡的味道在口中蔓延、扩散的感觉。

汪水我们用的是勺子，用大汤勺。15 匙咖啡粉用多少热水才刚好合适呢？我叔父认为用大汤勺来计算就很

27

⊖　日本料理的计量单位，一合为 180 毫升。　——译者注

清楚。这样一来，无论冲咖啡的人是谁，都不会有误差。

而且，与壶嘴窄小的手冲壶相比，**汤勺可以一下子就把热水全部铺在咖啡粉上**。这个"一下子"就是使用汤勺的优点。猛地将热水浇下，下水的速度很快，水温却不降；而下水的速度越快，咖啡的味道就越鲜明。

我希望三条店的咖啡是清爽的味道，所以决定尝试用比总店更短的时间萃取咖啡。我想在短时间内完全激发咖啡的味道，那么应该用什么样的冲泡方法呢？

经过研究，我决定在用汤勺倒热水的时候，将手腕向前旋转。也就是说，不是把热水直直地倒下去，而是直接翻转勺子。这样做，热水就会猛地一下子落进滤袋底部，然后再积涌上来。接着尽快将下一勺热水淋下去，那么热水就会一边回转一边下渗，就像虹吸式一样。

这就是我独创的萃取方式。它利用了法兰绒布手冲的优点，同时结合了虹吸式的原理。如此萃取出来的咖啡，入口轻薄，回味香浓。反复试验无数次后，渐渐地我找到了自己想要的味道。

咖啡是有生命的。如果萃取时间拖得太长，咖啡就会"缩水"，变得"沉重"。但如果用汤勺迅速倒下热水，那么咖啡的味道就会随着咖啡粉的自由移动而扩散。另外，水温变低后咖啡滴滤的速度就会变慢，而如果使用汤勺，一旦滤袋中的水温降低就可以迅速加水，保持温度。我的咖啡滴滤速度比较快，这就是原因。滴滤速度快，所以味道清爽。我觉得用汤勺正好。

冲咖啡的热水必须是烧开的，但不能是烧得滚开的。后者也会减缓萃取速度。而如果萃取太慢了，咖啡就会变得浑浊。所以，**我建议用轻沸水，稍微咕嘟个两三次的时候，就可以快速浇注到咖啡粉上了。**

"这咖啡不会有饱腹感。餐前喝了之后吃饭也很香！"

　　我终于做出了理想的三条店的咖啡。用这种方法萃取咖啡，制作15杯只需3分钟左右——速度也是维持店铺良好运转的重要因素。我没有教过任何人这种注水的方法。因为我觉得随着时代的发展，人们喜欢的口味也不一样，咖啡师应该多观察顾客的喜好，从而设计出自己的方法。

　　我们的咖啡口感清爽，有些老顾客一口气能喝两杯呢。

　　还有很多从东京来的客人，喜欢先去位于寺町大道和三条大道交叉口的三岛亭吃牛肉火锅，然后来我们店喝咖啡，喝完再回家……因为我们的咖啡极易入口，在吃饱的情况下也能喝。牛肉火锅很好吃，咖啡也很美味，

真是好极了。

常有客人告诉我，很喜欢看吧台里的咖啡师做手冲的模样。直到今天，猪田咖啡三条店依然在客人面前用大汤勺制作法兰绒布手冲咖啡。欢迎各位光临！

谁都能做到的美味咖啡冲泡法

我从猪田咖啡店退休，是在平成 9 年（1997 年），当时我 65 岁。之后我就在全国各地教各种各样的人做手冲咖啡。

虽然我总是说做咖啡一点也不难，但是也不能敷衍了事。因为咖啡豆是有生命的，它们能够感应到我们的心情。

首先我们要有"我能做出一杯美味的咖啡"这样的心态。这是第一步。

在咖啡教室，我常常鼓励学员亲自动手，但大多数人的第一反应都是"我做不到"。这样可不行啊。

"只要努力，就能冲出美味的咖啡！"
——有这样的信心，你一定能做到。

实际上，那些说着"做不到"的学员，在喝过自己做的咖啡后都会惊叹："原来我也做得到！"
这就是诀窍。

只要一点点的技巧，
只要一点点的情感。
谁都能做到。

虽然只是一点点，但这些小小的积累最后都会成就最棒的美味。

美味的咖啡能够拉近人与人的距离。与人谈话的时候，我喜欢把亲自冲好的咖啡放在正中央。这样的距离感刚刚好，可以让谈话自然而然地继续下去。

人与人的缘分就是这样结成的，然后再不断扩散。

我希望大家都能试一试，在家里亲手做一杯手冲咖啡。

准备器具

用什么器具好呢？

大家首先想到的总是这个问题。

其实没必要考虑这个。

滤杯底孔有几个、有多大，

材质是陶瓷还是塑料……其实都不重要。

如果想太多，你的想法反而会影响咖啡的味道。

什么都不要想，用沸腾的开水把它们彻底浇透，

这就足够了。

一直以来我在各种各样的地方做过手冲，

基本上使用的都是当场就有的器具。

在三条店我用大汤勺注水，

可在家里我也用普通的水壶，还用过奶锅呢。

用你手头有的东西就行。

下面我要介绍的就是用手冲壶做咖啡的方法，

请大家务必试一试。

37

HOT

 清理场地，调节心情

如果你想冲咖啡了，

那么先把周围的环境整理一下吧。

把杂物收起来，把桌子擦干净，

也可以装点一些鲜花。

这样做，你的心情自然会变好。

如果你身处一个杂乱的房间，

就会分心。

只有在美丽的心情下，

才能冲出美味的咖啡。

第一步，就是使自己所处的环境变得整洁。

HOT ❷ 对咖啡豆做点"小动作"，会让味道变得很不一样

咖啡豆或者咖啡粉开封的时候，

香气会不断地从上方飞走。

所以，在使用它们之前，

摇一摇、晃一晃，让它们上下混合。

要像哄小婴儿一样，

带着温柔的心情，

轻轻地做这个动作，

而不是只当作流水作业。

只有这样，你的心情才会被咖啡吸收，

咖啡的味道也会变得更为香浓。

❸ 湿润的滤杯，贴合的滤纸

请稍微打湿滤杯。

因为这样做，

可以让滤纸更好地贴合。

虽然不是什么了不起的技巧，

但它也能让咖啡的味道变好。

白色的、茶色的，

什么样的滤纸都可以。

重点是——

要让滤杯保持湿润。

比起用什么器具，

在这样的细节上稍微花些功夫才是更重要的。

HOT
4 就像煮饭，量多才香

我推荐大家使用颗粒粗细为中度的咖啡粉。

用细粉，滤水的速度就会变慢。

一人份的咖啡粉大约是 13 克。

如果只有 11 克，

那么萃取出来的咖啡液体即便有香气，也没有味道。

所以不要因为觉得浪费就减量。

大胆地往里放吧。

咖啡这种东西，如果一次只冲一两杯的量，

是不会好喝的，至少也要 3 杯的量。

煮饭要煮 3 合才好吃，咖啡也是同理。

将咖啡粉放入滤杯后，

一定要轻轻地敲一敲，使它们变得平整。

虽然是件小事，但很重要。

不要让咖啡粉的表面产生缝隙，让它们变得凹凸不平哦。

⑤ 稍微沸腾的开水，
不需要煮得滚烫

热水的温度高低不重要，

不用像沏茶那样担心这一点。

不过，咕嘟咕嘟煮得滚开的水会失去活力，

导致无法激发出咖啡的味道。

水烧开，咕嘟 3 次之后，

就可以把火关小了，

请使用新鲜的微沸水。

另外，即便水已经开了，

壶嘴那里的温度也还是不够的，

所以要稍微倒掉一点开水，

用这部分开水加热壶嘴。

44 水必须是热的，

否则滴滤的速度就会变慢，咖啡就会变得浑浊。

这也是微不足道的小事，请大家试一试。

6 从中央向周围注水，
仔细观察有无遗漏

从中央向周围注入热水。

这一步之后咖啡粉应该已经充分膨大了。

如果有哪里没浇到热水，再次注水也晚了。

因为后注入的热水会积在那里，

导致萃取液浑浊。

一开始只要轻轻打湿上面一层咖啡粉就可以了。

然后，当你觉得咖啡粉整体膨胀起来时，

那就可以继续注水了。

至于闷蒸的时间是多久，

并没有一个定好的秒数。

更重要的是仔细观察，

只有这样才能掌握咖啡粉的状态。

如果从边上开始注水，

热水就会被滤纸吸收，直接滤下。

所以注水一定要从中间开始，

像蚊香那样绕圈，毫无遗漏，完全、彻底。

要说注水的要诀是什么，那就是：

早一点总比迟一点要好。

在注水的过程中，

如果你神经质，就会影响咖啡的味道；

如果心情焦躁，也会在咖啡的味道中体现出来。

排除杂念，只在心中如此祈祷——

我非常努力啦，拜托变成美味的咖啡吧。

咖啡一定会给你最好的回应。

HOT

7 干脆收尾，
紧致口感

做 3 杯手冲咖啡，

注水需要多一杯，也就是大约 4 杯。

这样萃取的咖啡正好 3 杯左右。

得到自己想要的量之后，

请取下滤杯。

此时，即便咖啡粉上还有泡沫，也不会有味道和香气残留了。

而如果你觉得剩下的咖啡粉闻起来更香，

那么这就说明咖啡液体不够香了。

很多人都喜欢彻底萃取每一滴咖啡，

但很可惜，这样做只会让咖啡的味道变得模糊。

应该见好就收。

49

如果最后觉得喝起来太浓了，

也可以用热水稀释一下，让它变成自己喜欢的味道。

要重视整个萃取过程的结尾。

如果只是顺其自然，

那将热水"哗"地一泼就完事了。

但如果你重视最后一刻，

咖啡的口味中也会带上一种紧致感。

好吧，这也可能是一种心理作用。

做手冲要用"心"，

你用心，咖啡也会记住你的这份心情。

这就是我所认为的手冲基础。

我在这行已经干了几十年了，

但每一次都是怀抱着第一次做手冲那样的心情。

⑧ 细心过滤、去除杂质，
长时间放置依然美味

咖啡液进入分享壶后，
一定要用勺子或者别的东西搅拌一下。
因为如果不搅拌，上下部分的味道就是不同的，
底部的味道难免更浓。

然后再次把咖啡转移到锅里，稍微加热。
冒出一两个气泡的时候，就可以关火了——
也就是出现薄薄的蒸汽的那个瞬间。

如果煮到完全沸腾，
那么咖啡的味道就又会被毁掉了。
因为上桌后咖啡马上会冷掉——
这么做是上一代店主的良苦用心。

假设你早上做了 5 杯手冲，

刚煮好，热腾腾地先喝掉两杯，

剩下 3 杯打算放到晚上再喝，

那就把它们放到冰箱里吧。

下次再喝的时候，

别忘了搅拌和加热。

只要是细心过滤，没有杂质的咖啡，

即便放置一段时间，味道依然是很好的。

HOT

9 暖心温杯，
加倍美味

在把咖啡倒进杯子里之前，
别忘了事先温好杯。
我们店里常备开水，
任何时候都能够烫热杯子。

确保客人品尝的时候，
咖啡与杯子没有温差。
这样，咖啡才会入口顺滑，
也不会变味。

"

将热水均匀地倒在咖啡粉上。

这就是你要做的一切了。

想东想西的，

反而会让你忽略了手头的动作。

应该专注地观察咖啡的状态，

让咖啡来告诉你合适的时机。

总的来说，宜早不宜迟。

最初和最后的步骤才是最重要的。

"

"冷咖"的制作方法

在猪田咖啡店，

我们从刚推出冰咖啡的时候开始，

就把它叫作"冷咖"。

因为我们不是用在咖啡里加冰的方式将它冷却的，

所以就去掉了"冰"字，而用了"冷"字。

之所以不在咖啡里加冰，也是为了不淡化它的味道。

对于热咖啡来说，香气是很重要的。

而对于"冷咖"来说，必须具备浓醇的口感。

如何激发出这种口感，就成了制作中的关键问题。

我觉得喝"冷咖"呢，

用杯子直接喝比用吸管更美味。

喝一口，就是满口留香，

你可以用整个口腔品味这种浓醇感。

请大家一定要试一试。

59

萃取后加糖

在猪田咖啡店，冷咖和热咖使用的豆子是不同的。

做冷咖用的豆子，为了更加激发出它的醇香，

需要更深程度的烘焙，并且在豆子的调配上也要花心思。

但萃取的方法，和热咖啡是一样的。

将滤好的咖啡趁热加糖（细砂糖），

让它溶解。

冷的食物是甜的更好吃。

冷咖要是没有加糖，我感觉就不那么好喝了。

所以我通常会加一点儿。

大家可以按照个人的喜好选择加不加糖。

60 如果要加，那么比起在要喝的时候加，

不如像我说的那样，事先加好更有利于糖在咖啡里完全溶解。

COLD

2 慢慢地冷却一晚上，
让口感变得浓醇

咖啡萃取完成后，

马上用自来水冷却整个分享壶。

自来水要一直开着，这样就能保持冷却水的新旧替换。

待余热消除，咖啡和自来水温度相同后，再用冷水继续冷却。

这一步是获得紧致口感的关键。

接下来请把咖啡放进冰箱。

咖啡刚做好的时候，相对来说，它的口感总是会淡一点，

所以不能立刻放进冰箱。

应该先用水冷却，然后再放入冰箱静置一晚，

这样才会形成浓醇的口感。

这就是花时间冷却的结果。

61

当然了，即便是冷咖，在倒进杯中前，

也不要忘记搅拌，使上下部分的液体充分混合。

猪田咖啡店有许多大获好评的明星单品，同时我们也在不断倾听顾客的声音，与时俱进，并且循序渐进地进行改良。

　　欢迎各位光临品尝。

加入砂糖和牛奶的"阿拉伯珍珠"

　　"我要做就算冷了也好喝的咖啡。"——上一代店主是这样考虑的。因为在客人聊天的时候，咖啡会渐渐冷掉，这样一来砂糖就不能很好地溶解，牛奶也不能很好地混合，以至于咖啡的口味会产生变化。所以我们一开始就为这款咖啡加好了最合适比例的砂糖以及牛奶。这种做法也曾让喜爱黑咖啡的东京客人生气，抱怨"我想喝的明明是黑咖啡"。幸亏带这位客人来店里的京都本地人替我们说话："别那么说，你先喝一口试试。"于是那位东京来的客人便喝了，喝完他也接受了这个味道。

　　***

　　现在，我们也学会了与时俱进。客人如果点了"阿拉伯珍珠"，我们会事先询问他们是否需要加奶或加糖。

63

第二章

制作美味咖啡的

9个条件

咖啡教给我的道理，
我所珍视的东西

猪田咖啡三条店的环形吧台，教给了我一切

昭和 22 年（1947 年），我 15 岁，开始在猪田咖啡店工作。

它是由我的叔父——上一代店主猪田七郎创立的。那是战争刚结束，物资稀缺的时代。叔父很幸运，他原本经营的咖啡豆批发公司里有剩余的生豆子，于是他就用这批豆子在现在总店的位置开了一家咖啡店。

昭和 45 年（1970 年），猪田咖啡三条店开业。

作为第一任店长，我负责店内各方面的工作。

说到三条店，不能不提到它的环形吧台。它是叔父在欧洲旅游时灵机一动的产物，这在当时是绝无仅有的。

它意味着客人能够从各个角度看到咖啡师，让咖啡师在制作咖啡时不敢掉以轻心。

这是挺不容易的。

但我真正开始喜欢上做手冲咖啡，也是从在三条店工作开始的。

在那之前，我一直把做手冲看成一份工作而已。

在三条店，我要更多地考虑怎么做才能吸引客人光临，怎么做才能让客人高兴。

我非常努力地工作，全身心投入到咖啡中。

67

美好的地方和美好的氛围会让人们相聚在一起，

我希望三条店能够成为这样的场所。

人的一生呢，最重要的就是与对的人相遇。

我的勤奋和努力也有了结果，为我带来了许多美好的缘分。

所以我想把我在这个吧台后面学到的东西，还有那些我认为有价值的事情，全都告诉大家。

1.

无论何时，都要笑脸相迎

笑脸相迎，
帮助我们结交朋友。
成为朋友之后，
那就万事好商量了。

人们总说我是个爱笑的人。

哈哈，没错，我总是笑眯眯的。就算别人叫我不要笑了，我也是这副表情。现在虽然年纪大了，但我依然希望自己能在见人时始终保持这种笑容。

当我走进三条店的吧台，见到顾客的时候，我就知道，我绝对不能与人为敌，哪怕一个也不行。

当店里出了问题的时候，即便只是一件小事，如果人与人之间相处本就不融洽，那么就有可能变成大麻烦。各位都碰到过类似的事情吧？但如果是关系很好的朋友之间发生的事情，那就好商量了。

既然如此，我们应该怎么做呢？所以我才决定了，**无论什么时候，无论与什么样的人相遇，一定要让自己能够用"笑容"来对待他们。**

其实，三条店刚开业的时候，我总是一副严肃脸。曾有客人问我们的店员："那个人的表情好可怕，虽然煮咖啡倒是很认真，他是不是从来不笑啊？” 这是因为在当时，我的压力非常大，内心仿佛堵着一面高墙，恐怕是这种心情在我脸上表现出来了吧。

当我听到那位客人说的话时，我就意识到不能再继续这样下去了。如果我看起来闷闷不乐，那么周围的人也会感到郁闷。于是我便开始更加注意自己在客人面前的形象。

早晨见到客人我在微笑，中午见到客人我也在微笑。无论何时，客人看到的我都是笑眯眯的。但如果遇到心情不好的时候，就没法露出自然的笑容了。所以不能让自己的情绪不稳定，强迫自己微笑也不好。毕竟，自然的笑容是无法伪造的。

世界上有各种各样的人。说实话，有时候我也会生气，有些人我也不喜欢。可是，如果我不喜欢他们，他们肯定也不会喜欢我呀，所以我决定要让自己去喜欢别人。

71

当你喜欢一个人的时候，你自然会向对方展露笑容。

"无论是谁，都至少有一个优点吧。你要做的就是把它找出来。"

这是叔父常说的话。找到这个人的优点，不管这个优点多么微小，也要相信它，以"喜欢"的心情主动问候对方。哪怕只是一厢情愿，哪怕对方绷着脸，每一次我都会笑脸相迎。久而久之，在不知不觉间，对方就开始主动跟我打招呼了。当这种情况发生时，我由衷地感到高兴；也因为高兴，我会加倍热情地向他们问好。

努力让别人喜欢自己，其实可以帮助我们成长。

叔父说过："你要做一个年老后走在大街上时，人们都会来和你打招呼的人。" 幸而，现在我走在路上遇到面熟的人，他们都会叫我一声"彰郎先生"。多亏了我一直以来坚持用笑脸对待每一个人，这真是太值得了。

要主动去喜欢别人。

如果你不喜欢某个人，对方也会不喜欢你。

不喜欢你的客人，

和爱抱怨的客人一样，都是好客人。

只有这样的客人才能让我们知道，

该如何改进自己的工作。

73

2.

好咖啡，营造好气氛

咖啡吸引人的，
不只是制作的技术，
更是美好的氛围。

　　三条店的客人是在环形吧台的"气氛"中喝咖啡的，他们似乎很喜欢欣赏吧台后面每个人都在麻利、勤快地工作的景象。

　　"一边看你工作一边喝咖啡，真让人愉快。"
　　"我喜欢看你在环形吧台里做手冲，你的动作好像有节奏似的。"
　　我从熟客那儿收到过许多这样的评价。

　　但我本人并没有刻意制造什么节奏哦。猪田家的咖啡都是要加奶和糖的，对吧？我只不过是在把糖放进杯子后，左手握咖啡壶，右手拿牛奶罐，两只手交替着往杯里倒而已。可能是因为我做手冲的时候，时机掌握得比较好，而且总是全身心投入，这就让客人看起来有一种节奏感吧。

75

咖啡的味道不仅仅是其制作技术的体现，只要气氛足

够好，咖啡也会变得好喝。客人的心情，咖啡师的心情，舒适的空间，这一切共同成就了一杯美味的咖啡。制作美味咖啡的技术当然是必需的，但是营造良好的店内氛围也非常重要。

我当店长的时候，三条店的全部客席就只有绕着环形吧台的 22 个。光是坐在这里，对顾客来说就能感受到一种特别的气氛了吧。

说实话，一开始我也不知道到底该怎么办。只要站在环形吧台里，我就得随时接受来自 360 度的客人们的视线。当时其他地方都没有这样的吧台，我也觉得这样的工作环境对咖啡师来说很难——但也正因为如此，才值得一试。本来我就不喜欢打退堂鼓，于是干脆改变主意，积极接受挑战。

在吧台里，我成了圆心，而且我也会 360 度地回应每一位客人的视线。围坐在环形吧台周围的客人们形成了一个"圈子"，而这个"圈子"对我来说是最重要的。这就是环形吧台的意义所在，它是一个可以让人与人建立起亲近感和友好关系的地方。

有的时候，我一整天都离不开吧台。更不要说过年期间了，简直是一步都离不开，吃 3 个年糕，然后我就待在吧台后面做咖啡，一直到晚上。我几乎没有休假，一个月可能也就休息两三天吧。为什么这么忙呢？举个例子，我们有个客人，从东京去福冈出差的时候，特地在京都下了车，就是为了来我们这儿喝杯咖啡。这样的客人来了，如果我不在，我就会觉得很对不起人家。当我听到客人说"我前几天来过，可惜你不在呀"这样的话时，我就没法休息。早上 6 点半出门，晚上 10 点前回家，我真觉得对不起家人——因为我总是不在家。

77

一想到我的咖啡有那么多人喜欢，给那么多人带去快乐，那么多客人在店里等着我……我就能永远工作下去。

就是这个环形吧台，虽然一开始让我觉得有点不好对付，但现在多亏有了它，三条店才拥有了属于自己的独特氛围，吸引了一个又一个的回头客。

"

有时候，会有客人在关门前一刻突然冲进来。

越是这种时候，

越要重拾心情，

像对待早上第一位客人那样迎接他们。

我们这样做，客人当然就会很高兴了，

下一次还会光临，

甚至带着家人和朋友一起来。

我们与客人的关系，

就是这样一个接一个串连起来的。

"

3.

仔细听，仔细看

客人不经意的一句话也可以改变咖啡的『味道』。

为每个人做专属的那一杯咖啡。

当有客人光临时，我们首先要看他们的样子，听他们说的话。有时候他们无心的一句话，就会改变我们做咖啡的"味道"。

如果听到客人说"昨天喝多了"，我们就应该想到"客人的胃已经很有负担了，咖啡应该做得清淡一些"。因为我们有环形吧台，所以能够及时捕捉到这些信息。

我觉得三条店的这个吧台的形状真是太棒了，它让我们与客人能够保持一个恰到好处的距离。有时候我也会直接与客人交谈，但即使不说话，我也能在工作中随时感受到他们的存在。而且我会用自己所感受到的一切，让咖啡变得更加美味。

久而久之，我就开始了解客人的喜好了，环形吧台让我更容易看清楚他们的脸。比如，客人点了黑咖啡，我就会想："哦，喜欢黑咖啡的人是这种长相啊。"但是黑咖啡也有各种各样的，淡一点儿的，浓一点儿的，

81

他到底喜欢哪一种呢？如果客人喜欢少放一些糖，那么什么样的浓度才合适呢？我通过观察客人的脸，一直都在学习这些。渐渐地，我就能够读懂他们的表情了。然后我就会为每一位客人的咖啡做出一点味道上的调整。

如果是熟客，谁喜欢黑咖啡，谁喜欢多放点牛奶，我都记得，光看到他们的脸就能按照每个人的喜好做出咖啡了。比如，对于喜欢黑咖啡的客人，我会为他们稍微增加一点咖啡的量，来代替糖和奶的分量。这么做的初衷真的微不足道，我只是希望客人能喝个痛快。

虽然是微小的举动，但我相信我对每位客人所投入的感情也在咖啡的味道中得到了传达。小小的用心能够加深人与人的关系，三条店之所以受到很多人的喜爱，可能正是因为我们为每个人提供最适合的咖啡吧。

全力以赴，

重视每一位客人的需求。

他们每个人，

都会帮助我们的店铺发展得更好。

4.

时刻保持清洁卫生

每天把角角落落都打扫一遍，

让内心也变得干干净净。

　　不仅要打扫自家店门口的卫生，而且还要确保店铺周围也是干净的。

　　"扫门口，洒清水，净两邻"——这是京都人的习惯。

　　我在猪田咖啡店上班的第一天，早晨6点，叔父就把我叫醒了。他对我说："去把从咱们店一直到对门和左右邻居门前的地方全都打扫干净，然后洒一遍水！"此后每天早上都是如此——当时只有15岁的我很是不情愿呢。

　　但当我被安排去负责三条店的时候，我首先想到的却是：

　　"得把店门口打扫一下。"

　　早晨，我是第一个到店的人，先打开窗帘透进晨光，接着把店门口和左邻右舍的门前都扫得干干净净，并洒上清水。此时正好是早上8点钟左右，三条大道上都是

85

上班族和学生们……一边与他们打招呼，一边打扫着，这让我感到神清气爽。如果路过的人看到我们店周围总是干干净净的，进而产生了想到店里来坐坐的想法，我就会非常开心。所以我每天早上要做的第一件事就是打扫卫生，在这个过程中，我的内心也为这一天的工作做好了准备。

叔父是一个非常看重邻里关系的人。走在路上看到垃圾，他都会迅速捡起来。当然邻居们也同样对他以礼相待，在他有需要的时候伸出援手。

"清洁感对于咖啡来说是很重要的。"

这是叔父的信念，在我小时候他就灌输给我了。在我工作了一段时间之后，我终于明白了这句话的含义。

为了做好咖啡，周围的环境也好，自己的心灵也好，必须都是干净的；若内心混浊，则咖啡浑浊。内心阴暗的人做不出美味的咖啡。这是一个可怕的事实，咖啡从不说谎。

当我站在吧台后面时，只要能腾出手来，就会擦擦这里，抹抹那里。这已经成为一种随时随地的动作，成为深刻于我身心之中的本能。这就是为什么我们店里店外总是这么干净。我很庆幸叔父从一开始就这样教导我。

"

每天仔细打扫，角角落落也不放过。

处理咖啡豆的时候，把自己的心放进去。

任何事情亲力亲为。

这些小小的积累就变成了美味。

不求立刻达到顶峰，

重在每一天扎实的积累。

这样做的结果就是：

一切都会变得越来越好。

"

5.

细心呵护

咖啡豆是有生命的，
它会回应我们的情绪。

你可以来摸摸我的手。我的手部皮肤很厚，就是因为长时间烘焙咖啡豆。而且即便是现在 85 岁了，我的胸膛也相当厚实。这也是因为做咖啡是个体力活儿，才让我练出了肌肉吧。

我们家的招牌混合咖啡"阿拉伯珍珠"，一直都是我烘焙的。曾经整个店的豆子烘焙都由我负责，一天的量能有 300 公斤。年底旺季的时候，甚至一天高达一吨。烘焙房里的温度超过 40 度，真是太热了！

三条店每天上午 10 点开门，而我总是比员工来得更早，打扫门面，洒水，整理一下店里，然后就开始萃取咖啡。等大家都来上班以后，我就把店面交给他们，自己则去捣鼓烘焙机了。

我每天要烘焙大约 4 种豆子，这需要很大的意志力。因为无论烘焙多少次，豆子的味道必须是一样的。如果没有足够的毅力和体力，就做不到这一点。如果心浮气躁、烦躁不安，或者心绪不宁，就不能做好烘焙这个工作。在咖啡面前，一定要让自己保持情绪稳定。

精力充沛起来，就不会感觉到烘焙房里的高温了。然后，就会听到豆子爆裂的声音，小豆子会发出"噼唧噼唧"的声音，大豆子则是"啪唧啪唧"的。听到这些声音时，我就知道还需要烘焙多久：摩卡豆，一定不能烘过头；而爪哇豆呢，不能烘得太浅，否则不够味。我还会和豆子们交谈，问它们："可以了吗？"它们则会回答我："可以啦，你把我们烘焙得很好呢！"

有时候进了不常见的豆子，对如何烘焙感到没把握的时候，我也会问豆子们，让它们来告诉我，然后不知不觉间就烘焙好了。

91

完成烘焙之后，下一步要考虑的就是如何萃取了。关于这个问题，依然还是要让咖啡本身来告诉我们答案：

"这样做味道更好哦——"渐渐地，也不知道是从什么时候开始，我已经能够快速地想象每一种豆子应该如何烘焙、如何混合，以及它们又会是什么样的味道。

咖啡是有生命的。

刚开始工作的时候，我觉得咖啡只是豆子而已。虽然那时候我还小，但我永远也忘不了曾经的那种心态。

有一次，我不小心踩到了咖啡豆，叔父啪地打了我一下，大发雷霆：

"咖啡豆是有生命的！难道你会用脚去踩婴儿的脸吗？！"

这句话给我带来了巨大的冲击。

是啊，咖啡豆是活的，是珍贵的。从那以后，我对它们的看法变了，哪怕地上掉了一颗豆子，我都会捡起来。在我和咖啡之间，一种新的关系诞生了。

　　咖啡是有生命的，所以它们能够感应我们的心情。每天都与它们打交道，就会明白这一点。如果咖啡师随便应付，马上就会被咖啡的味道暴露出来；而**认真努力的咖啡师，则一定会得到咖啡诚实的回应。**

　　真的，咖啡简直和人一模一样呢。

"

曾经的日子，每一天都很辛苦。

总感觉有一面水泥的高墙，

堵在我面前。

拼命努力，拼命克服，

到了如今这个年纪，

终于，我的眼前没有任何障碍了。

我早已越过了厚厚的高墙，

而这样的经历也是我自信的来源。

"

6.

珍惜每一段缘分

新客人、老客人，
每一段缘分都是珍贵的。
用平常心对待每个人。

这个世界是由人与人之间的缘分构成的。

我们常常觉得世界很小，**正是因为我们生活在各种各样的人彼此结成的缘分和关系中**，只是自己不曾意识到这一点罢了。活了一辈子，我真的这么认为。

三条店的吧台迎来过许许多多的人，我也结识了形形色色的人。每一段缘分都很重要。

不管是第一次来的客人还是常来的客人，我都自然地对待每一个人，一视同仁。我会时刻调整心态，让自己总是能够保持自然的态度。如果没有平常心，咖啡的味道也会变化。

人们通过一杯咖啡与我结缘，而我会在店里或者在别的地方与他们再次相遇……我很感恩，是咖啡造就了我的人生，也感谢众多的机缘巧合让客人们选择三条店。既然是缘分，我不希望它是一次性的事情。如果你想再见到某个人，那就一定要再联系对方一次，珍惜这段缘分。不过，也不需要深交，不能强求去深入发展这种关系。缘分这种东西，我认为最好就是让它自然地降临。我更期待在某个地方偶遇。

话虽如此，不可思议的是，有缘就一定会相见。所以和对方保持适当的距离，反而会让彼此间的关系变得比我们想象得更加长久。

一杯咖啡可以让缘分聚起，让人们心心相通。我真实地感受到了，美味的咖啡有这样神奇的力量。

"

人生中，与美好的人相遇是很重要的。

广结良缘，

良缘会招来良缘，

这对于我们自己来说是极有好处的。

"

7.

树立榜样

努力工作，勇往直前。

我从事咖啡行业已有70年。回首过去，虽然曾经非常辛苦，但也有许多美好的回忆。其中最让我难忘的是与高仓健先生的相遇。他在太秦的东映制片厂拍戏时，每天早晚都会来三条店。

　　早晨，他会独自前来，坐在吧台靠窗为他预留的"专座"上，一边喝咖啡一边看体育报纸。健先生喜欢喝多加点牛奶的咖啡，但不要糖。每一次光临，迎接他的都是只有我才能做出来的咖啡味道。

　　咖啡豆要在头一天烘焙好，然后静置一天。我大汗淋漓地干着烘焙几百公斤咖啡豆的活儿，忽然间一个念头就冒出来："如果明天健先生来店里，会觉得这咖啡的味道怎么样呢？"一想到这一点，我的心情就开始雀跃。而当我带着这种兴奋的心情烘焙的时候，豆子们似乎也变得开心起来。最后当我把用这些豆子做成的咖啡端给健先生的时候，你们知道他是什么反应吗？

他接过杯子一口气就喝干了，说：

"啊，猪田先生，真好喝！请再给我来一杯！"

只是这样的一句话而已，但就是这句话一直以来给予我勇气。

有时即使不说话，他也会用沉着而坚定的眼神看着我，就像电影中的眼神一样。当然我也会回应他的注视。

"今天也想喝美味的咖啡，拜托您了！"

"是！交给我吧！"

这是心与心的交流。

晚上健先生也会来。他的经纪人会先给我打电话，等到餐厅打烊后，健先生就来了。到了晚上，他的"专座"会换在窗子的对面。我对我们一对一聊天的时光记忆犹新。有一次，健先生说了这样的话："我来你这儿喝咖啡已经很久了，可这味道一点都没有变。你是如何保持这个味道不变的呢？"

我的回答是："我觉得，只是因为我竭尽全力了吧，所以才能保持住这个味道。"

你们猜，接下来他是怎么说的？

他说："说得对！果然，做任何工作都必须尽力而为呀！"

我们的想法真是一拍即合。但健先生这句话的分量相当重，它深深地扎进了我的心里，让我不禁开始思考："所谓'尽力而为'，从程度上来说，上升的空间可是无限的呢。"

自从我听过这句话后，我的性情就变了。即便我想偷懒，也不能再偷懒了。因为每当此时，我的耳边就会响起健先生的声音。

毕竟，当你有了一个人作为自己的榜样时，人生将会变得非常不同。

　　"比起获得金钱，遇到对的人才是最重要的。对的人会让我们自己变得更好。"这也是高仓健先生说过的话。每当他说"味道真棒"时，我就会下决心，让他明天再来的时候，喝到比今天更美味的咖啡，到了后天还要比明天更美味——我的上进心即源于此。我想，这种精益求精的坚持不仅体现在制作咖啡这一方面，也在整个生活方式上带给我巨大的影响。所以，健先生就是我的老师，是他带我走到了这一步。

　　高仓健是个"戏痴"，而我是个"咖啡痴"。
　　"只专注于这一条道路，竭尽全力。"
　　虽然我们的工作不同，但我想，这点是共通的。

103

有了榜样人物就不一样了。

在追随那个人的过程中，

自己也会不断成长。

8.

全力以赴

一定有人看得
到你的努力。

似乎是高仓健先生在东映公司把三条店的事与同事们说了，不久津川雅彦先生也来了，他打招呼的时候说着"健哥说的就是这家店吧"这样的话。再后来，小林稔侍先生、中尾彬先生、中井贵一先生……演员们相继光临，咖啡带来的缘分真是不得了。

来的人还有，吉永小百合女士。于我而言，她就是月亮上的仙女，我从来没想过能够亲眼见到她。这段缘分也是多亏了高仓健先生，让我可以时不时有幸一睹她的风采。吉永女士原本是不喝咖啡的，但她却愿意喝我的咖啡呢。

吉永女士演过一部电影叫作《不可思议的海角物语》（2014 年），在这部电影里她有一段泡咖啡的戏。那一幕中，她把手遮在滤袋边上说："变得好喝吧，变得好喝吧。"看电影的时候我特别开心，不由地想："她明白我也是带着相同的心情做咖啡的吧。"

有一次，我接到一个电话，是经常来三条店的东映工作人员打来的，对方告诉我当晚 9 点他们要开始拍戏，不过吉永小百合女士突然说想喝咖啡。我很痛快地答应了。他们在太秦的片场离我家很近，我回家正好顺路。于是关店以后，我就做了所有人份的咖啡，放在保温瓶里，亲自给片场送去了。

当时拍摄的电影是《华之乱》（1988 年）。那个晚上，当我把咖啡送到的时候，吉永小百合这位大咖女演员对我行了一个几乎 90 度的鞠躬礼，说："猪田先生，感谢您百忙中抽空来送咖啡。"我吃了一惊——她在非常郑重地鞠躬。

当时我很感慨："哇，感谢的话语原来能够如此用心嘛！这才是真正的感谢吧！"从那天起，当我对客人说谢谢的时候，便开始将自己更真诚的情感融入其中。

送完咖啡，我参观了片场。在京都的炎夏里，每个人都努力地展现着演技。拍戏可真不容易啊，再加上深作欣二导演非常严格，我看到他很严厉地说："吉永老师，请你再来一遍！"而吉永女士立刻干脆地回答："是！"此情此景，让我不由得感叹："哇，这可真不容易啊！"

不过，后来电影得奖的时候，我在电视上看到了华丽迷人的吉永女士——非常漂亮。

看着她的样子，我心想："她有这光彩夺目的时刻，正是因为在背后付出了那么多的努力啊。"

所以，**直到现在，即便是看起来很困难的事情，我也会尽力去尝试。只有这样做了，最终属于我的光辉时刻才有可能到来。**

人际关系在工作和日常生活中都是一样的。

无论与谁相遇，

我都会放低自己的姿态，

无论何时都用笑容来打招呼。

"早安呀！"

"今天也请多指教哦！"

如果与人保持良好的关系，

那么即便发生什么事，也不会出大事。

109

9.

困惑的时候，回到起点

不依赖习惯，
不忘记初心。

我在这一行干了这么多年，就会自然地产生一种"差不多是这样，差不多是那样"的感觉。

但我每次做咖啡都不会放松警惕，会从吧台后面观察客人的脸，只有他们露出了满意的表情，我才会松一口气——每一杯都是怀抱着第一次做咖啡时的心情。

不要依赖"习以为常"。每一次都要仔细清扫周围的环境，整理自己的仪表以及心情。一切准备就绪之时，才可以接触咖啡。

我刚接手三条店的时候，觉得自己面前好像有一堵巨大的墙壁，因为不知道怎么样才能吸引顾客光临。

迷惘的时候，烦恼的时候，我都会让自己回到一切的起点。

我下定决心要向前看，积累自己能够做到的事情，哪怕只是一些小事，也要让自己一点一点往上爬。

111

把角角落落都打扫得干干净净，每时每刻笑脸相迎，用心制作咖啡，关心每一个人——力所不及的事情，即便勉强自己去做也是做不好的，最终只能落得浅尝辄止的结果。**一定要回归基础，把每一件自己能做到的事情努力地做好。**

这样我们才会变得越来越好。

只有打好基础，才能自信地面对一切，才能发现机会，才能发挥自己的能力。

我 65 岁从猪田咖啡店退休后，就去日本各地教人们做咖啡。也是从那时候开始，我一直通过游泳来锻炼身体，因为做咖啡需要大量的精力和体力。如果自己不好好准备，没有健康为基础，就无法教好别人。

我希望今天比昨天好，明天比今天好，哪怕只好上一点点。只要能够保持这样的心态，我想我还能继续进步。

"

如果每天都随意应付着过日子，

那么你就看不到机会已经降临。

即便近在咫尺也毫无察觉，

机会就是这样逃走的。

同样的日子不会再来，

但是，如果你有认真的生活态度，

时光就会为你停驻。

'啊，这是个好机会！'——

你会发现机会，

并且牢牢地抓住它。

"

胖胖的、厚厚的咖啡杯

"咖啡不可以是温的！"——这是叔父的坚持。在那个时代，客人可是会叫着"这是温的，给我换了"而大发雷霆的啊。为了不让咖啡冷掉，并且保持美味，杯壁就得厚一些，所以我们不断尝试制作符合要求的杯子。一开始做出来的杯子质量很差，甚至有客人刚拿起来，杯把就掉了的情况。

我们杯子的厚度参考了理发店装剃须膏的容器，可以保温。而杯子上的图画都是上一代店主猪田七郎的作品。

***

多年后的现在，杯子的制造者已经变了，但依然是日本产的。有客人曾说："我担心喝的时候咖啡会从杯子的边缘淌下来。"所以我们把杯子设计成虽然有一定的厚度，但杯口部分比过去稍微薄一些的样子。材质也从土瓷换成了白瓷，变得更为耐用。

第三章 猪田咖啡店的起点

叔父倾注了毕生心血的咖啡店，现在也深受人们喜爱

二战结束后不久，叔父想为人们提供真正的咖啡

二战结束的时候，日本什么都没有。我的叔父猪田七郎决定利用战前经营的店铺仓库里剩下的咖啡豆开一家咖啡店。

这就是"猪田咖啡"的起点。

七郎小时候想学画画，但他的二哥——后来的日本画家猪田青以，已经走上了绘画的道路。所以长辈们告诉他"一个家里不能两个人都去当画家"，便让他去大

阪的咖啡批发公司的京都分店上班。在那里他掌握了咖啡知识，学会了烘焙等技术。那是日式咖啡店刚刚诞生的时代，有人在京都的四条河原町开了一家音乐咖啡馆，从而拉开了京都咖啡文化的大幕。

昭和 15 年（1940 年），25 岁的七郎自立门户，在堺町大道和三条大道的交叉口，也就是现在猪田咖啡总店所在的地方，创立了"猪田七郎各国产咖啡专业批发商店"。他把自己烘焙的咖啡豆批发卖给四条大道和河源町大道上的咖啡店。

但很快，太平洋战争爆发了。昭和 18 年（1943 年），七郎关了店，但留下了商品和设备。幸运的是，战争结束后的第二年，也就是昭和 21 年（1946 年），这些东西都还在，据说还有十几袋没处理过的生豆子。

当时，市面上都是"代用咖啡"。由于战争，日本停止了咖啡豆的进口。生产商只好用土豆、百合根和大豆之类的东西与大约十分之一的真正的咖啡混合在一起，来制作"代用咖啡"。"味道和香气与真正的咖啡完全不一样啊！"——当时的咖啡爱好者们如此感叹。

"我想开一家店，让人们能喝到完全用咖啡豆做出来的真正的咖啡。就算是为了那些渴望喝上真咖啡的人们，我也要尽快把店开起来！"这就是叔父开店的动机，他要"做第一个吃螃蟹的人"。这也成为叔父的行事准则。

反正要筹钱装修店面，于是他干脆先进了一些冰棍，在四条大道和木屋町大道交叉口一带卖了起来。后来他与在冰棍供应商那里工作的贵美江女士结婚了。昭和22年（1947年）8月，夫妻俩的咖啡店终于开张了。

猪田咖啡店创始人猪田七郎先生及其夫人贵美江女士

121

关于猪田家，以及我的成长经历

接下来，简单说说我的成长经历和猪田家的情况。

我的父亲是 8 个兄弟姐妹中的老大。猪田咖啡店的创始人猪田七郎排行第七，是第 5 个儿子。即便在很久以前的那个时代，猪田家的孩子也算是很多了。

我的父亲在寺町大道和今出川大道交叉口一带经营着一家自行车店。也许是因为身为长子过于辛苦，他在昭和 17 年（1942 年）就病逝了，年仅 40 岁。他去世的时候，我只有 10 岁，是家里 3 个孩子中的老二。走投无路的母亲将自行车店转让给了父亲的姐姐，又在自己的姐姐家租了一个房间。

母亲带着三个孩子，只能住在我姨妈家的二楼，姨妈家也不大。我们很孤独，也常常挨饿。后来战争爆发了，食物越来越匮乏，我至今仍记得那时候的生活多么艰难。

姨妈家在京都右京区，附近有一家三菱重工的航空工厂。昭和 20 年（1945 年）4 月，这个工厂可能是被作为打击目标了吧，在一个风和日丽的日子里，一架 B-29 轰炸机从东边飞来，阳光的反射让机身看起来闪闪发光，美丽极了——正当我这么觉得的时候，飞机呼啸而过，伴随着嗒嗒嗒嗒的巨响，地面剧烈地震动起来，我以为自己要完了。哎，真的很可怕。那时候要是被击中了，今天我就不会在这儿啦。

123

说回我父亲这边。他的兄弟姐妹很多，所以我父亲的母亲，也就是我的祖母，总是对孩子们说："只要大家和睦相处，我们就能过得很好。所以兄弟姐妹即使在最坏的情况下也要相亲相爱。"

我相信，祖母的教诲深深地影响了叔父。她不仅重视家人，还重视邻居和身边的每一个人。在这方面，她真的贯彻得非常彻底。我想，这一点也成为猪田咖啡店受欢迎的基础。

我这位祖母，是一个非常聪明的人，什么都会，而且她喜欢传统游艺○，心灵手巧。比如，在那个年代，咖啡和三明治是非常稀罕的东西，但她却能让它们出现在自己家的餐桌上。不过，她在我很小的时候就去世了，所以我没有什么印象。在她的教导下，猪田家的孩子——我父亲和他的兄弟姐妹，都在商业或艺术上有所成就。

○ 传统休闲娱乐活动相关的技艺，比如琴、三弦、舞蹈、花道、茶道等。 ——译者注

比如，叔父猪田七郎，他是二科会的成员，也是一位自学成才的画家，活跃在当时的文艺界。猪田咖啡店的杯子和咖啡罐上的画都是他的作品。我想，不论是他在艺术上的非凡品位也好，还是他体贴入微的性格也好，都是继承自祖母的吧。

125

小店开张，叔父、叔母和15岁的我

昭和23年（1948年）的春天，我从高等小学毕业了。那个时候御池大道还是一片荒草丛生，我也只有15岁。叔父对我说："喂，来帮我打理咖啡店吧。"

我父亲去世得早，家里也很拮据，所以我求之不得。在那个年代，小孩去当学徒是很常见的。我立刻住进了店里的二楼，开始工作。说是住在那里，但当时正值战后，物资奇缺，我连被子都没有。你们知道那些装咖啡豆的麻袋吧？我把它们铺在地上，一个人睡在上面。啊，真的很苦，很难——我当时毕竟还是个孩子。许多个夜晚，我因为寒冷和皮肤皲裂的疼痛而难以入睡。

开始工作的第一天，早上 6 点我就被叫醒了。叔父吩咐我："你拿个桶，把店面周围打扫干净，洒洒水，隔壁家的门口也要弄！"从此以后，这就成了我每天早上的例行工作。

无论寒暑，每天早上都是如此。就这样，叔父把他的理念灌输给了我。

那就是"**清洁感对于咖啡来说是非常重要的**"。打扫，洒水，从早上开始就必须保持清洁。多亏了这一点，我对哪怕是最小的污垢都非常敏感，让我养成了时刻保持清洁的习惯。

127

因为叔父总是把店里店外打扫得干干净净，用心对待每个人，所以附近的居民，包括老爷爷、老奶奶都很喜欢他。从而他做很多事情都会很顺利，每当他遇到困难的时候，这些邻居们就会伸出援手。

总而言之，叔父是一个充满热情的人，他总是希望能有尽可能多的人喝他的咖啡，哪怕多喝一杯也好。而我在最基础的工作上支持着他的热情，拼命去跟上他的脚步，也在很多方面做出了极大的努力。

首先就是烘焙咖啡豆。

因为战争刚刚结束，既没有电又没有煤气，即便只是生火也很困难。我们把木头切成小块，然后加入焦炭（一种用煤制成的燃料），放进炭炉，用报纸引火，再用扇子使劲儿把火扇起来……总之花了不少工夫，利用仅有的东西总算是把火生起来了。然后把砂锅浅儿放在炭炉上，用它来烤咖啡豆，就像用平底锅烤一样。

过了一段时间，我在店后院用砖头砌了一个灶，可以手动转动锅子。以前，咖啡豆都是晒干的，所以是黄色的，用柴火就可以烘焙。后来，生豆子是青色的，是用机器烘干的。如果是这种发青的豆子，用柴火就得烤一个多小时，灶里得多放柴火，但当时很难弄到。没办法，我们只能买来潮湿的生木，叔父会把它们劈成柴，晒上一周左右，干透后再用。

豆子烤好了，我就把锅子交给叔父。他会用麻袋垫在地上，把豆子全部倒在上面铺开，再用扇子扇风，拼命让它们冷却。磨豆子也很困难，得用手转动磨盘，把它们磨成粉末……我们俩每天都是满身烟尘，黑乎乎的。

在店里，叔父做咖啡，叔母收银，我跑堂。最初我穿的是白色的立领制服呢。叔父是昭和 22 年（1947 年）结的婚，我是第二年春天到他店里的，所以那时候他们结婚没多久。他的妻子对我很好。

129

这家咖啡店是在猪田七郎商店的原址建立的，和现在的猪田咖啡总店是同一个地方。在开店当时，它只有10坪[⊖]左右。一开始只是一家小店，但渐渐地，"只要去那里，就能喝到真正的咖啡"这样的评价传开了。

17 岁的我，于总店
后面的花园

130

一心一意，让咖啡文化生根发芽

那时候，咖啡给人的感觉就是一种早上喝的东西。

所以我们早上 7 点就开店了。现在做早市生意是很理所当然的事情，但在当时，很难找到这样的店铺。叔父率先做了别人没做的事情。

我们的店位于三条大道和堺町大道的交叉口，一大早走出店门的时候，这一带安静得仿佛空气都凝滞了，静得能听到从四条大道传来的市营电车发出的"叮叮"

声。向北望去，则可以看到京都御苑的树木。哎，那时候的京都，什么都没有。

虽然大清早就开始营业，但过了下午2点我们就做不出咖啡了。叔父为了解决这个问题四处奔波，他会接外卖的订单，把店里进的黄油和点心送到顾客那里去。

我曾经骑着自行车，带着从位于二条大道和高仓大道交叉口的日式点心店进货的50个葛粉馒头，给大丸百货的食堂送去。实在是很辛苦！有一天，我在雨中连人带自行车滑倒了，我想，回家肯定会被骂，所以就那样送去了食堂。结果所有的葛粉馒头都粘在了一起，被对方大骂"什么玩意儿"。最后，叔父还是被叫来了，我依然没能逃过被他臭骂一顿。

我们还在打烊后做过流动销售。有人要开舞会，联系叔父去做咖啡。会场是位于室町大道的明伦小学，现在那里已经变成了京都艺术中心。我们把炭炉和咖啡堆在两轮拖车上，叔父用自行车拉，我在后面推。然后，到了会场，就在那儿等着别人来点咖啡。从下午 5 点开始，一直到晚上 11 点左右，几乎没人的时候，我才提醒他该回家了。但叔父却会说："那里还有人，可能还要喝咖啡。等那个人走了再说吧。"当我们回到店里时，已是半夜 12 点；吃过晚饭，睡觉的时候已经凌晨 1 点了；然后又要在早上 6 点钟起床——着实是段艰苦的日子。

"让更多的人喝到我们原创的、真正的咖啡，多喝一杯也好！"——叔父的这份激情真的很了不起。我想，这就是猪田咖啡店的原动力。

在上一代店主猪田七郎先生（右）身边露出笑容、身穿立领制服
的彰郎先生

逐渐成为人见人爱的咖啡店

昭和 22 年（1947 年）开店之初，咖啡还是非常昂贵的东西。因此，当时我们的顾客主要是室町、西阵这些地方的老板以及卖和服的人，后来也有文化界人士、电影演员和一些名人光临，比如作家谷崎润一郎。

刚开业的时候，还是配给制的时代，对大多数人来说，果腹已属不易。直到昭和 27 年（1952 年）左右，上咖啡店这件事才变得日常起来。

我永远不会忘记，当报纸上介绍猪田咖啡店是"战后京都第一家咖啡店"时，我是多么高兴。那份报道还附上了这样的照片：店后面的花园里撑起了遮阳伞，人们在伞下优雅地喝着咖啡——看上去就像是战后重建的象征。就这样我们出了名，渐渐地，顾客也越来越多了。

很多人都以为只有猪田咖啡店是历史悠久的老字号，但实际上在京都，也有从战前就已经存在的店铺。为什么只报道我们呢？我想，可能是因为我们是在战后物资一无所有的时候开的店，而且从那时候开始，我们就没有断过咖啡豆的供应，同时维持住了店铺的经营吧。

其实，要做到这些真的很困难，但我们必须做点什么。于是我们努力采购咖啡豆。

　　"在别人束手无策的时候，挑战新事物。"

这是叔父的方针，也是猪田咖啡店能够不断发展的原因之一。

　　昭和 24 年（1949 年）左右，在位于四条大道和河原町大道交叉口的高岛屋百货店南侧，建起了名为"公乐会馆"的剧场。我记得这个剧场的第一次公演是剧团"俳优座"⊖的。那次公演的时间长达一个月，很多俳优座的演员都来了，比如小泽荣太郎先生，还有东野英治郎先生。东野英治郎先生经常在去剧场前来我们店，他戴着贝雷帽的样子很好看呢。

　　后来，电影导演吉村公三郎也成了我们店的客人。有一次他说："我想拍一部关于京都的染坊的电影，里面要拍到咖啡店，能不能让我借用一下贵店呀？"

　　这部电影就是大映公司于昭和 31 年（1956 年）拍摄的《夜之河》。它是吉村导演的第一部彩色电影，"COFFEE SHOP INODA"这样的文字出现在了大荧幕上。

137

⊖ 日本话剧团体，是日本 5 大剧团之一。 ——译者注

主演这部电影的是山本富士子女士。在影片中她穿着美丽的和服，而这件和服就是猪田咖啡店后面的一家和服店制作的。电影大火之后，她穿过的那件和服也大受欢迎，全国各地的和服商人来到京都进货，工作之余他们也会到猪田咖啡店来喝上一杯。托了他们的福，猪田咖啡店的生意很是兴旺。

此后，猪田咖啡店在《舞伎三枪手》(1955年)、《才女气质》(1959年)、《古都》(1980年)等多部电影中都有出镜。借给剧组拍摄是很不容易的，叔父曾经为此很火大，说过："我不借给他们了！把我的店搞得乱七八糟！"不过，我们还是非常感恩有这些拍摄机会的，因为它们让更多的人知道了猪田咖啡店。

冰淇淋、奶油苏打……在这张珍贵的照片上能看到当时的菜单

一切的一切，
都要追求正宗

战后不久叔父就开了咖啡店，而他这样做的动机就是：一心想要提供真正的咖啡。但叔父对于"真正"二字的坚持，不仅限于咖啡，一切的一切他都力求正宗。

昭和 28 年（1953 年），我们在总店后面新建了一间咖啡室。叔父的想法是打造一个西洋风格的时髦空间。这就是今天很有人气的"旧馆"，很多粉丝都希望能在这里坐一坐。旧馆阳光房的地面是用石头铺成的，当年施工时真是令我吃了一惊，因为用的不是石板，而是坚硬的石块——用两辆卡车运进来，扎扎实实地埋进土壤深处。乍一眼可能看不出来，但这样的地面有种特别的厚重感。

叔父会把钱花在看不见的地方，比如这些被埋在脚下的石头，这正是他的坚持。他说过："**如果一开始就打好根基，那么即便时间久了也不会出故障。**"无论做什么事，他都把这个原则贯彻得淋漓尽致。

椅子也好，吊灯也好，都是一开始就买了相当高级的。一把椅子，在当时就要两万多日元。结果到了今天，我们还在用当年的椅子呢。三条店也是一样的，柜台、椅子、不锈钢料理台……仍在一边维护，一边使用。

141

无论是东西还是工作，"根基"都是最重要的。如果

根基随随便便的，那么即便表面看来再漂亮，也不能长久。

我想，这也是为什么室町和西阵一带的老板们，以及知识分子们都喜欢来猪田咖啡店的原因吧。这些人让咖啡店变成了像沙龙一样的地方。和服布料店、染坊，以及附近的老板们也常来，他们说："来这儿可以一边享受咖啡一边谈生意。"每天早上，他们都会坐在总店的 L 型红色沙发上，所以在这里的聚会被称为"L 会"。

位于乌丸六角的花店"花市"的老板也是 L 会的成员之一。早晨，他总是带着鲜花过来，还为我们把花插好，然后就一边喝着咖啡一边欣赏着花。有时他会说："这花不行，不合适，换一下吧。"于是他又带着新的花来了。我想，"花市"的老板一定是非常热爱花和咖啡的吧。

在猪田咖啡店，总是装点着大把大把的插花。

以前就有很多客人惊叹："这些居然不是人造花，

你们这里的插花都是真的啊！"这也是多亏了与"L会"的缘分，我们才一直坚持使用鲜花。

因为我们提供的都是真材实料，所以对品质有要求，有品位的人才愿意来我们这儿，而这些客人也教会了我们如何进步。我想，正是我们的这份坚持，让猪田咖啡店一直走到了今天。

当时总店门前路过的人很少，我们就用大大的门帘和横幅来引人
注目

功夫不负有心人

说起叔父这个人，那可是严格得很，简直像个魔鬼。

当时也有其他学徒在店里工作，但他们都因为叔父太严格而辞职了。我却是辞也辞不了的。

一句话说第二遍的时候他的巴掌就下来了，一边还骂我"笨蛋"。天冷的时候用水洗东西，手会皲裂，对吧？我痛得要命，他却说："因为你觉得痛，所以才会痛！"无奈之下我只好躲起来偷偷搓手。如果我感冒了，他又会骂："你个笨蛋！别感冒！"我听到的都是这样的话，他真的太严厉了，完全不像个叔父的样子，严厉到我非常孩子气地对自己发誓："没爹的孩子像根草啊，我一定要长命百岁……"

其实我从猪田咖啡店逃跑过3次。第3次的时候，叔父说："下次再跑，我就不来找你了，爱咋咋地，我不管你了！"我这才死心，知道自己是跑不了了。

正当我认命地唉声叹气时，叔父却说了这样一段话：

"工作这个东西，你要是心不甘情不愿的，是不能成事的。反正都是要工作，你就应该全身心投入，直到你爱上它。功夫不负有心人啊！所以你就试着走进咖啡的世界里来吧，我会把我所知道的关于咖啡的一切都教给你。"

跟着严厉的叔父，我的身心都得到了锻炼。多亏了叔父，我才锻炼出了自己的能力，才变得无论什么时候都有说得出"这不算什么"的勇气。我从来不会轻而易举就丧失斗志，我讨厌沮丧。无论有什么事情，决不退缩，绝对积极向上——这样的毅力让我一直坚持到现在。

我真正开始做咖啡，是在二十一二岁的时候。叔父说咖啡太贵重了，所以直到我 20 岁，他都不允许我碰咖啡。在那之前，我一直都在打扫卫生。总而言之，"保持清洁是首要任务"。

如果周围的环境不清洁，或者自己的心态不清洁，那么咖啡就会变得浑浊。

清洁自己的心，意味着不去思考那些不必要的东西。只管专心致志，努力工作。我已经自然而然地掌握了这一点。

147

现在回想起来，叔父真的从来没有表扬过我。但是昭和 45 年（1970 年）三条店开张的时候，他却把它交给了我。

"这家店，就由你来做大吧！"他说。

这当然是很辛苦，种种的艰辛和努力就不提了，但三条店是叔父交给我的，我觉得是我的立足之地。从那以后，我在这里一直工作到平成 9 年（1997 年），我 65 岁的时候。退休后我与咖啡的缘分也在延续，多年来一直光顾三条店的记者筑紫哲也先生曾对我说："难得你有这么多的经验和知识，要是能传播给大众，那就太好了。"于是我在日本各地的学校和文化中心等场所举办咖啡讲座和手冲课程。多亏了三条店给我带来的缘分，我才能做到这一点。所以，我的第二个咖啡生涯，也是从三条店开始的。

SPECIAL

Newspaper

筑紫哲也的
关注热点 No.1

1988 年 6 月 23 日　朝日新闻（晚报）

采访人

编辑委员　筑紫哲也

京都咖啡店
『最佳店长』猪田彰郎
制作美味咖啡，首先要用心

　　着名记者筑紫哲也先生每次到访京都，都会在猪田咖啡三条店享受美味的咖啡。他在成为新闻主播之前长达 3 年的时间里，任何时候走进三条店，都能看到猪田彰郎先生站在柜台后面。他非常欣赏彰郎先生，因此请求对方接受采访，并在《朝日新闻》报纸上的连载栏目《关注热点 No.1》中刊登发表。以下就是这篇描写彰郎先生工作风采的采访文章。

猪田彰郎，昭和7年（1932年）生于京都。高等小学毕业后，他开始在其叔父经营的"猪田七郎各国产咖啡专业批发商店"（现在的猪田咖啡店）工作。战后，他成为整个京都咖啡店业界的先驱者。猪田咖啡店现有10家分店。昭和45年（1970年）以来，他除了担任三条店的经理，还负责所有店铺的咖啡豆烘焙工作，专注于咖啡行业40年。

● 猪田先生的叔父曾是食品批发商，二战结束后在仓库二楼发现了几包没有开封，也没有遭虫蛀的咖啡豆。它们是战前进货剩余的一些咖啡豆。新婚燕尔的叔父和他的妻子用这些豆子开了一家咖啡店。夫妻俩没有足够的人手，于是决定收留幼年丧父的侄子。

　　——我当时15岁。那个年代电和煤气都很紧缺，我就用砖头搭了个灶，用柴火烤咖啡豆，但只有潮湿的木柴。虽然我和叔父把它们劈开晒干了，但烧起来还是不好使，会产生大量的烟灰，让我们的脸和身体都变得乌漆嘛黑的。然后用木炭煮咖啡。当然了，咖啡粉也是手磨的。早上6点起床，直到第二天凌晨一两点钟才能睡觉。日复一日都是这样的生活，当时真的很想逃回家。

● 那时候，尝过咖啡味道的人都在35岁以上，并且以男性为主。而且，下午2点以后就没有客人了。

　　——叔父对咖啡充满热情。到了晚上，他会用拖车装上整套工具，和我一起出去寻找人们在开派对的地方，比如舞会什么的。我们在这些地方卖咖啡，在参加派对的人全部离开之前，他是不会歇业的——哪怕多卖一杯咖啡也好。

● 三条店的面积只有10坪大小，但渐渐地人们都知道了"去那里可以喝咖啡"。那时候正当红的电影人和戏剧人中，有很多都是它的粉丝。

　　——吉村公三郎先生（电影导演）每天都光临。大概是昭和 31 年（1956 年）的时候吧，他拍了《夜之河》。这部电影的主演山本富士子女士，也是我们店的客人呢。故事的背景就是京都，所以我们店也出镜了。吉村先生对自己的作品非常执着，所以他把所有的东西都搬进了制片厂，造了一个真正的店铺出来。

● 因为电影大火，各个影视公司都开始争相拍摄"京都片"。每一次三条店在电影中的出现，都让它名声大噪。

151

　　——曾经一天之内接待了 2200 位客人，我本人做了 1800 杯咖啡。这是我最美好的回忆。

- 此后，三条店不断发展，目前在市内已有10家门店。在社长（彰郎先生的叔父）的带领下，**每次新店开张，彰郎先生都是现场指挥。此外他还负责所有门店的咖啡豆烘焙工作，并且担任三条店的店长18年。**

  ——我如果没了咖啡，那就真的一无所有了。我在这行干了40年，从来没生过病。只要我还在做咖啡，我就对自己的健康有信心。我还能再干个10年、20年呢。最开始的时候确实很艰难，但我真的很高兴自己坚持下来了。

- **每星期一、星期四、星期六的早晨开始一直到下午都是烘焙咖啡豆的时间。**

  ——如果精神不饱满，态度不认真，就不能把豆子烘焙好。反之，即便遇到过去没有接触过的豆子种类，不确定烘焙的方法，但只要拼命地努力去做这件事，豆子自己就会烘焙好。烘焙方式得当，你就能感觉到豆子的喜悦和感激。咖啡豆呀，是很可爱的。

- **早晨到了店里首先要打扫卫生，一丝不苟地花上一个半小时。**

  ——如果玻璃上有模糊不清的地方或者哪里有污渍，我就会感到焦虑。做咖啡其实是一件很简单的事情。但正因为如此，它也很难。要想做出好的咖啡，最重要的就是要把自己的感受融入其中。

● **彰郎先生在工作的时候，会不停地轻轻做着小踏步动作。**

——自然而然就变成这样了，大概是在心里计算各个步骤的时机吧。我觉得我已经把全身心都投入在咖啡里了。

● **巨大的环形吧台里，包括店长在内的咖啡师都在做咖啡。**

——这样可以让我们更好地了解客人。即使你不和他们说话，只要看他们的脸，就能读懂他们的喜好，比如他们是喝多了酒，还是通宵达旦。像高仓健先生，他是经常在早上拍戏前过来的，有时候也会拍完戏后给我们打电话说要过来。他每次来肯定会喝两杯咖啡，所以给他做的咖啡就会清淡一些。

● **回家前自己会喝两三杯咖啡。据说如果喝完回家吃晚饭觉得不好吃，或者有积食的感觉，那么就说明这咖啡还不够格。**

——咖啡不是越浓越好，但是太清淡了也不香。所以我想做出看起来清淡但入口浓醇的咖啡。但是，咖啡的味道，真是可望而不可即的东西，无论怎么努力，目标似乎总是在更遥远的地方，让我每一天必须去追逐。但我乐在其中，永远不会厌倦。做生意就是这样的吧。

153

- 在东京有一个三条店的粉丝同好会。一家咖啡店居然有粉丝同好会，这是极少见的。两年前，本报对京都的"No.1"（各行各业的第一名）进行了专题报道，彰郎先生被评选为"最佳店长"。他有很多粉丝是一家子都喜欢他的。

　　——是有这样的，一大家子人，大到84岁，小到5岁。从祖孙三代到四代。比如北大路欣也先生，他小的时候，他的父亲（市川右太卫门⊖）经常来呢，现在他也仍然叫我"老爷子"。我不喜欢什么伟大的头衔，所以客人叫我"店长"就好啦，这样相处起来更加轻松。毕竟，没有客人也就没有现在的我了。

- 对于不能到店的客户，三条店有专门的"地方发货中心"。而来自国外日本人的订单也可以以"出口"的方式送货。大约3/4的送货目的地都在首都圈内，即便如此却依然执着于使用"地方"⊜这个词，也许是出于京都的气魄吧。另外，彰郎先生还给出了一些关于如何在家做出好咖啡的建议。

　　——首先，你要相信咖啡。只要你尽心尽力，咖啡自然会教导你，带领你。大家经常会担心豆子的情况、热水的温度、泡沫的状态等等。我想就是因为担心这些东西，导致大家是心不在焉的。其实只需要将开水从上往下均匀地浇在咖啡粉上，

154

⊖　日本著名歌舞伎及电影演员。　——译者注
⊜　"地方"指首都以外的地区。　——译者注

让萃取液在短时间内干净利落地滤出，就可以了。想东想西的，咖啡反而会变得浑浊。而滤得好的咖啡，就算放两个小时也不会浑浊。

- **这几年研究的课题是：如何做好冰咖啡。**

　　——就像啤酒一样，如果太冷的话，味道就不好了。我们店是不在咖啡里放冰块的，所以我每天都在学习如何在不加冰块的前提下做出美味的冰咖啡。

155

在三条店烘焙咖啡豆的彰郎先生

芝士蛋糕和朗姆酒岩皮饼

　　三条店成立后，总店扩张，菜单上的品目也增加了，有三明治、汤、混合果汁等等。而三条店的主角则是咖啡，菜单上的品目相当有限。如果是早晨的咖啡和早餐，那么推荐您去总店；三条店的咖啡和芝士蛋糕适合下午茶或饭后的小憩——我们已经形成了这样的风格。高仓健先生也很喜欢芝士蛋糕。另外一个长期畅销的单品是朗姆酒岩皮饼——朗姆酒和巧克力的巧妙搭配，酒香与浓郁的口感完美融合，也是我个人的推荐。

　　★★★

　　芝士蛋糕、朗姆酒岩皮饼、巨无霸舒芙蕾……在猪田咖啡店，您可以吃到各种人气蛋糕。2015年，继承德国蛋糕师卡尔·凯特尔配方的"蛋糕工坊凯特尔"开业，位置就在总店和三条店附近。

第四章 京都的美味咖啡

继承彰郎先生思想的咖啡店

从猪田咖啡店退休后，彰郎先生的咖啡生涯仍在继续

三条店的老顾客——记者筑紫哲也先生建议彰郎先生把自己的知识和经验"向大众推广"，于是他在全国各地举办讲习会，包括东京、仙台、德岛、香川等地。此外，他还在一家名为"LisBlanc京都中京"的残疾人就业支援机构名下的咖啡店教授咖啡制作技巧，与人们广泛交流享受咖啡的方法。

时不时去认识的咖啡店转一转、看一看，

新的人生事业。

猪田咖啡店自不必说，其他有些店是在猪田咖啡店积累经验后独立出去的人开的，还有些店是经常光顾三条店的同行开的……

虽然退休了，他依然十分珍惜每一段邂逅中结下的缘分。

重视每一位顾客，事无巨细，礼貌周到。

下面的两家咖啡店都继承了彰郎先生的精神，与他有着深深的缘分。

您要是来京都，欢迎您光临这些咖啡店，来喝一杯美味的咖啡。

『精心保持老味道不变，仅此而已』

桥本咖啡店
桥本政信先生

162

今宫神社边上有一家由三位猪田咖啡店"毕业生"经营的桥本咖啡店。他们是年龄分别相差 10 岁的 3 位男士：50 多岁的桥本政信先生、60 多岁的樱井健三先生和 70 多岁的角山昭二先生。桥本先生的父亲也在猪田咖啡店工作过，曾是彰郎先生的同事。这是非常深厚的缘分了。彰郎牌先生独创的"彰郎牌混合咖啡（AKIO BLEND）"所用的豆子就是在桥本咖啡店烘焙的。在店里享受一杯咖啡的消费是 310 日元⊖——正合适的价格。店铺全年无休，随时恭候顾客光临。它是扎根在当地的咖啡店，客人络绎不绝，有喜欢慢慢聊天的人，也有随时需要买咖啡豆的人……这样一家隐匿在街角的咖啡店，却是让附近的人心情愉悦的存在。

***

⊖ 约合人民币 19 元。 ——译者注

我的父亲桥本信一，生于昭和 12 年（1937 年），
比彰郎先生小 5 岁。初中毕业后，他开始在猪田咖啡店
工作，因此他们同甘共苦过很长一段岁月。昭和 63 年
（1988 年），我 20 岁的时候，父亲去世了，享年 51 岁。
上一代店长猪田七郎先生把当时还十分年轻的我当作亲
人一样照顾。他问我要不要去猪田咖啡店工作。于是我
就接了父亲的班。总店的跑堂、厨房杂工，还有烘焙工
作我都做过。到了 1998 年，我和角山先生打算试着开
一家自己烘焙咖啡豆的咖啡店，于是叫上比我们早退职
的樱井先生，3 个人一起创业了。

　　彰郎先生和我父亲好像经常被七郎先生骂。因为他
们两个已经是老学徒了，所以我想，七郎先生是为了教
育和警示其他员工，才拿他俩开刀的吧。似乎每次都是
先骂彰郎先生，然后就轮到我父亲了。即便如此，虽然
七郎先生很严厉，但其实他是一个心地善良的人。记得
我小时候会在新年时去他家拜年。那时候我住在总店隔

壁的老房子里，和猪田咖啡店的员工和家属们聚在一起吃年菜，盼着拿到压岁钱。七郎先生每天一定要去店里露个脸。他有固定的座位，傍晚的时候经常坐在那里，和常客聊天。桥本咖啡店里有一幅很大的画，就是同时身为画家的七郎先生的作品。那是他留给我们的遗物。

165

左起为桥本信一先生和猪田彰郎先生，于猪田咖啡总店前

彰郎先生呢，是一个认真、可爱的人。他喜欢开玩笑，是个很有意思的人。在猪田咖啡店工作的时候，虽然我没有和他在一个店里共过事，但我知道他非常珍惜客人，认真仔细地对待每一件事和每一个人。他是我的榜样，激励着我更加努力。

彰郎先生退休后，在全国各地举办讲习会。他想在讲习会上使用专门的咖啡，于是"彰郎牌混合咖啡"诞生了。因为猪田咖啡店是一家规模很大的企业了，这么零碎的订单也不好做，彰郎先生就来问我，是否可以由我们店来为他烘焙他想要的咖啡，我答应了。一开始只是供应给彰郎先生的讲习会，没想到越来越多的人想要，于是我们干脆将这款咖啡向大众出售了。其实，"彰郎牌混合咖啡"的底子和猪田咖啡店所制作的是一致的，但其中又添加了一些彰郎先生的想法，比如增加了摩卡风味。

我们所追求的咖啡，并不指望它受到狂热爱好者的追捧，反而希望它能够让人们随时安心饮用，成为每天喝都不会腻的经典味道。**不变的咖啡，不变的饮用方式，不变的快乐**。这就是我们的目标。为了实现这个目标，彰郎先生也好，我们 3 个人也好，都继承了七郎先生的精神，用心做好咖啡，将这份事业不断延续下去。

"彰郎牌混合咖啡"的包装是由插画家原田治设计的。原田先生是三条店的老顾客了，也一直都是彰郎先生的粉丝。他第一次来我们店的时候，也没说自己是谁，只说："去问问彰郎先生吧。" 所以当时我还不知道他就是原田治。后来，他又光临了好几次，有时候还和彰郎先生一起在我们这儿喝咖啡。有一次，他提议为我们设计包装，说是"作为给彰郎先生的礼物"。这让我有点意外。但最后，插图上的彰郎先生和他本人的感觉真是一模一样啊。多亏了原田先生，"彰郎牌混合咖啡"的名气越来越大，订单从日本各地慕名而来。

我们开这家店的初心，就是想打造一个充满温馨氛围的空间，让客人们能够在这里放松地度过时光。直到今天，20 年过去了。我们做手冲用的倒不是勺子，而是水壶，用法兰绒布一次性滤 7 人份的咖啡。我的创业伙伴角山先生原本就是我父亲的熟人，我从小就受到他的照顾，他就像我的代理父亲一样。而樱井先生是曾在猪田咖啡店工作 25 年的老员工，在多家分店工作过，也是个咖啡痴。他曾是彰郎先生的同事，也常帮彰郎先生一起办讲习会。他们两个都是非常认真的人。我们仨虽然一个比一个小 10 岁，然而不知道为什么，相处得非常融洽。

我们的店名之所以叫"桥本咖啡"，是因为角山先生和樱井先生说我的年纪最轻，我会是 3 人中把这家店经营到最后的人。自开店以来，我们的基本理念就是：**为顾客着想，踏踏实实地做好每一件该做的事**。直到现在，我们 3 个人依然坚持这一点。

桥本咖啡店

京都市北区紫野西野町 31-1
075-494-2560
9：00~18：00 无休
提供订购"彰郎牌混合咖啡"
http://hashimotocoffee.web.fc2.com

『教会我用心面对每一件事，
并让我明白这一点是多么重要』

市川屋咖啡店
市川阳介先生

171

市川屋咖啡店的老板市川阳介，曾在猪田咖啡店工作18年，于2015年独立创业。他将祖父的陶艺工坊翻新后作为店面，用的咖啡豆也是自家烘焙的。一大早，店里就挤满了来吃早餐的客人，应季推出的水果三明治非常受欢迎。店内使用的水果、面包和培根等食材都尽可能从当地的商店进货。除了美味的食物和舒适的氛围，市川屋也非常重视与当地社区的联系，这一点肯定是从猪田咖啡店继承而来的。1999年市川先生作为工读生加入三条店的时候，刚好25岁。当时，彰郎先生已经退休了，但他们在三条店相识，自那以后一直保持着来往。

***

我刚开始在三条店做兼职的时候，常看到一个大爷在吧台边上转悠，有时还会和我打招呼。后来我才知道那是彰郎先生。那时候，他已经退休了，但与他的相遇，却影响了我的一生。

上班第一天，我被安排的第一项工作是拖地。我是个新人，从来没有做过这样的事情。正拖着地，彰郎先生走过来对我说："借我用一下。"然后他开始给我示范怎么拖地。接着，也不知是不是突然来了感觉，他又说："今天还是我来吧。"结果，他自己把每个角落都打扫干净了。这件事给我的印象非常深刻。彰郎先生真是一个情感非常丰富的人呢。

还有一次，是我在三条店开始工作后不久，有一天晚餐我吃了糖醋里脊。第二天，一见到彰郎先生，他就问我："你吃了大蒜吗？"我以为他会叫我不要吃大蒜，但他离开了一会儿，然后带着口气清新九回来了，说："来，含着这个。"除此之外没有任何谴责的话语。那之后，我就再也没有吃过大蒜了。其实，如果他为此生我的气，我可能还会觉得"稍微吃点也没什么啊"，然后抱着这种心态继续偷偷吃大蒜。但他的做法是非常走心的。

173

彰郎先生并不是什么特别灵活圆滑的人，他只是为了客人们努力地工作。也许这就是为什么大家对他情有独钟的原因。客人会与彰郎先生打招呼，向他道谢，说"多谢款待"。彰郎先生在店里的时候，那些老顾客的表情都会变得不一样。长年站在吧台前看到这一幕，作为从事同样工作的人，我有点嫉妒他（笑）。确实，这份工作并没有那么多的规矩，重要的是真挚的感情。**用心做每一件事，用心迎接每一位客人。**彰郎先生让我意识到这一点的重要性，也让我明白了自己真的想走这条路。

　　我去猪田咖啡店工作，是因为我想自己试着开店。我认为加入一家老字号可以学到很多东西，而说到老字号，我脑海中第一个浮现出来的就是猪田咖啡店。大学四年级的时候，我其实已经找好了工作，但又觉得对于"开店"这个目标来说是在绕远路，于是尽管猪田咖啡店当时并不缺人，我也没有放弃，努力地获得了四五次面试的机会。虽然我有非常强烈的工作热情，但却对咖啡一窍不通，甚至不知道咖啡加奶加糖是一种标配（笑）。

面试我的人一定很吃惊吧。但我很诚实地告诉他们，有一天自己也想开一家店，于是我最后成功地被录用为猪田咖啡店的员工。

当我真正站到三条店的吧台后面时，起初我还以为自己会逃跑（笑）。毕竟，我可是被客人们360度全方位地注视着。常客们来了之后，总是一言不发地坐下。我被要求先记住50位客人，他们喝什么咖啡，看什么报纸，用不用烟灰缸……一开始，我把他们的样子画在笔记本上，然后记住。好像一共画了两本吧。三条店吧台边坐着的客人真的什么样的都有，对于我来说，能和这些不同的人交流，也是一种财富。手头一空下来，我就会把周围擦得干干净净——这是我在吧台后面养成的另一个习惯。

彰郎先生经常来三条店，有时还会带我一起去别的咖啡店参观。他举办咖啡讲习会的时候，也有很多次让我去做助手，所以我们变得很亲近。他曾对我说："有了你，我就放心了。你呀，是我的接班人。"这句话让我备受鼓舞。在他身边，我也观摩过他的手冲方法，首先慢慢地从中心开始边画圈边注水，最后收尾的时候尤其用心……说实话，并不是什么特别的手法，但是他的咖啡却那么好喝。所谓"彰郎先生的咖啡为什么那么好喝"的原因，恐怕是他有魔法吧（笑）。即便是在咖啡教室，他也没有教授什么特别的技术。但课程结束时，学员们都笑眯眯的，在离开之前与他握手，祝他身体健康。我想，他所探求的，是用心对待顾客的态度，和吸引顾客的人格魅力，以及作为一名"咖啡提供者"的毕生事业之路。

我开店的时候，在店里安了一台烘焙机，彰郎先生非常高兴。他说："你这里不是咖啡店，而是完全的咖啡商店呀。"这是最高的评价了。我们店里的混合咖啡有 3 种类型，即使您不习惯喝咖啡，也可以根据各种口味来选择，非常容易入口。我们希望市川屋的咖啡能让不喝咖啡的人也喜欢喝。我们不想限定目标顾客，只想成为一家让所有年龄段的人都满意的咖啡店。这一点可能也是承袭自彰郎先生的吧。

177

市川屋咖啡店

京都市东山区涩谷大道东大路交叉口
以西钟铸町 396-2

075-748-1354

9:00~18:00 星期二、每月第二和第
四个星期三休息

后 记

回首往事，我不由再次感叹：命运真是不可思议。

父亲去世后，我与哥哥都给叔父们当学徒。

哥哥去了汽车店，而我去了咖啡店。如果反过来，那么今天的我也不存在了。

我的人生是由咖啡构成的。我与咖啡一起成长。

我打心底觉得，能够心无旁骛地走过这段痴迷于咖啡的人生，真的是太幸福了。

也曾迷惘，也曾慌乱——有过很多次。

但我能走到今天，一路上不曾行差踏错，都是多亏叔父的教诲。

我遇到许许多多的人，他们的言行举止都在我心中沉淀，积累成一部"人生教科书"。

"现在轮到你把它传给年轻一代了"，我仿佛听到叔父这样对我说。

这本书，在许多人的帮助下终于问世。

到了我这个年纪，还有那么多人关心我，我真的非常开心。

与你们的缘分支持了我的一生，我是个幸福的人。

我希望用这本书作为报答。

各位，非常感谢你们!

猪田彰郎（INODA AKIO）

1932 年（昭和 7 年）出生于京都市。

1947 年 15 岁时开始在京都开业的猪田咖啡店工作。1970 年成
为当年开业的猪田咖啡店三条店店长，同时负责猪田咖啡所有门
店的咖啡烘焙工作。退休后作为咖啡专家在日本各地举办讲习会。
如今依然拥有众多粉丝，私下里也非常享受咖啡带来的乐趣。

猪田咖啡三条分店

京都市中京区三条大道和堺町大道交叉口以东桝屋屋町 69 号

075-223-0171

10：00~20：00 无休

猪田咖啡总店

京都市中京区堺町大道和三条大道交叉口以北道祐町 140 号

075-221-0507

7∶00~19∶00 无休

京都市内还有位于四条大道和乌丸大道交叉口的四条分店

B1、四条分店 B2,位于大丸百货京都店一层的咖啡沙龙分店,

位于清水寺附近的清水分店,京都站的 Porta 分店和八条口

分店,以及"蛋糕工坊凯特尔"。

另外,在北海道、东京、神奈川和广岛也有分店。详细信息

请移步官方网站。

https://www.inoda-coffee.co.jp

本书为配合猪田彰郎先生的说法,将猪田咖啡三条分店称为

"三条店"。

INODA AKIO–SAN NO COFFEE GA OISHII RIYU by Akio Inoda

Copyright © Akio Inoda, annonima–studio, 2018

All rights reserved.

Original Japanese edition published by anonima studio, a division of Chuoh Publishing Co.

Simplified Chinese translation copyright © 2021 by China Machine Press

This Simplified Chinese edition published by arrangement with anonima studio a division of Chuoh Publishing Co., Tokyo, through HonnoKizuna, Inc., Tokyo, and Shinwon Agency Co. Beijing Representative Office, Beijing

企画・編集	宮下亜紀
聞き書き	内海みずき
デザイン	天池　聖（drnco.）
写真	石川奈都子（下記、p.130～155、p.165以外）
	柴田明蘭（p.181）
写真提供	イノダコーヒ（p.121）
イラスト	原田治
編集担当	村上妃佐子

北京市版权局著作权合同登记　图字：01-2020-7116号。

图书在版编目（CIP）数据

猪田彰郎的咖啡为什么这么好喝？/（日）猪田彰郎著；陆贝旎译. —北京：机械工业出版社，2021.6

ISBN 978-7-111-68208-0

Ⅰ.①猪… Ⅱ.①猪… ②陆… Ⅲ.①咖啡–配作 Ⅳ.①TS273

中国版本图书馆CIP数据核字（2021）第089094号

机械工业出版社（北京市百万庄大街22号　邮政编码100037）

策划编辑：仇俊霞　　责任编辑：仇俊霞

责任校对：薛　丽　　封面设计：钟　达

责任印制：李　昂

北京联兴盛业印刷股份有限公司印刷

2021年10月第1版第1次印刷

128mm×187mm·6.5印张·1插页·89千字

标准书号：ISBN 978-7-111-68208-0

定价：59.80元

电话服务　　　　　　　　　网络服务

客服电话：010-88361066　　机　工　官　网：www.cmpbook.com

　　　　　010-88379833　　机　工　官　博：weibo.com/cmp1952

　　　　　010-68326294　　金　书　网：www.golden-book.com

封底无防伪标均为盗版　　机工教育服务网：www.cmpedu.com